JN257934

たかしよいち 文
中山けーしょー 絵

マメンチサウルス

中国にいた最大級の草食竜

理論社

もくじ

←この角をパラパラめくると
ページのシルエットが動くよ。

ものがたり

〈鼻(はな)まがり〉をやっつけろ！

鳥は友だち

西に日が落ちると、しげみの中は、ほの暗くつつまれる。
と、とつぜん、かん高いひめいがおきた。

「？？？……」

マメンチは、食べかけの葉っぱをひと息にぐっと飲みこむと、長い首をのばしてそっちを見た。

先にしょうかいしておこう。そいつはマメンチサウルスという、首の長い

草食きょうりゅうの子どもだ。このものがたりでは「マメンチ」とよぶことにする。

マメンチは見た。一ぴきのヘビが、いまにもしげみの中の鳥におそいかかろうと、かま首をもたげたところだ。ひめいをあげたのは、もちろん鳥のほうだ。

マメンチはむちゅうで、かま首をもたげたヘビにしりを向けると、目にもとまらぬ速さで、ピシーッ！　と一ぱつ、しっぽのムチをはなった。

きょうれつな、しっぽのムチを食らったヘビは、
はるか遠くへすっとんだ。
まさか……？
どっこい、子どもだとばかにしちゃいけない。
訓練されたマメンチサウルスのしっぽのムチは、
おそいかかってくる肉食きょうりゅうの、
顔面を破壊するほどの力を持っているのだ。
「ありがとう！　助けてくれて」
鳥は、マメンチにおれいをいった。
そいつの名は「孔子鳥」。

この鳥については、あとのページでくわしくお話しするとして、ともかく、きょうりゅうのいたこの時代に、広い空をわがもの顔で自由にとびまわることのできる、数少ない鳥がいたのだ。この鳥はめすの子ども。ここでは「コウシ」とよぶことにしよう。

「こんなところで、なにしてたんだい」

「羽をいためて、とべなくなったの」

「えっ！　そりゃたいへんじゃないか。きっとなかまがしんぱいしているよ」

「そう。みんなで、わたしをさがして

いるわ、きっと」

「こんなところにいちゃヤバイ。
ぼくのせなかにのりな」

そういってマメンチは、
コウシをせなかにのせると、
しげみをとび出した。

そのとき、マメンチたちの
なかまのいるすぐ近くの森から、
けたたましいわめき声とひめいが聞こえてきた。
すみかの森で、なにかがおこったのだ。

〈鼻（はな）まがり〉があらわれた

マメンチはいっしゅん、ぎくっ！　と立（た）ちどまった。

「あの声（こえ）、〈鼻（はな）まがり〉！　まちがいないわ」

コウシが、おびえたようにいった。

「そいつはいったい、何者（なにもの）だ」

「おそろしい、あばれんぼうのころし屋（や）よ！」

「ころし屋（や）？　じゃ、おいらのなかまが……」

マメンチは、いてもたってもいられない

気がして、かけだそうとした。
「待って。いま行けば、あんたも
ころされる！」
コウシは、あわててひきとめた。
そのころ、すみかの森では、
どんなことがおこって
いたのだろう……。

鼻まがりのころし屋——そいつは、
肉食きょうりゅうのヤンチュアノサウルス、
いまでいえば人くいドラだ。ケンカ早くて、

あばれんぼうのそいつは、なかまからもけむたがられていた。数しれない狩りとケンカのせいで、体じゅうキズだらけになり、とうとうだいじな目も片方をなくし、鼻はつぶれ、口はゆがみ、見るからにおそろしいすがたのまま、ただ一頭であてどもなくさまよい、手あたりしだいに草食きょうりゅうをおそった。

きょうは森にいたかと思えば、あすには何キロもはなれたみずうみのほとりにあらわれる、というあんばいだ。

そいつが、マメンチのなかまがいる森にとつぜん、夕ぐれをねらって、しのびよってきたのだ。

かあちゃんがやられた！

きょうりゅうは夜になるとねる。だが、この鼻まがりだけは、においをかぎわける鼻の力をとくべつに持っていて、夜でも移動できるのだ。

ボスにひきいられた、三〇頭のマメンチサウルスたちは、すっかりゆだんしていた。夕食のおいしい草を食べたなかまは、のんびりとねそべったり、腹ばいになったりで、すばやくにげ

だせる態勢ではなかった。

「マメンチのやつがいないな。どこ、ほっつきまわっているんだ」

ボスのとうちゃんが、ぶつぶついった。

「あの先のしげみですよ、きっと。帰ってきたら、こっぴどくしかってやりましょ」

そういいながらも、かあちゃんはたいして気にするようすはない。どうせ、いつものことだ。

そこへ、鼻まがりはそっと、しのびよっていった。まずねらうのは、にげ足のおそいめすだ。

かあちゃんが、
敵に気づいたときは、
もうおそかった。
鼻まがりは大きく
ジャンプすると、あわてて
おきあがろうとしたかあちゃんの
せなかに、後ろ足のつめをかけて
とびかかった。
グアアー！
かあちゃんのひめいに、なかまたちは、

びっくりしてとびおきた。

鼻まがりは、するどいキバで
かあちゃんの首にかみつき、かあちゃんは
ドーンと、横だおしにたおれた。

「みんな、早くにげろ！」

とうちゃんは、なかまたちに向かって、
大声でさけんだ。ボスであるとうちゃんの
役目は、むれのなかまを、いち早く安全な場所へ
にがすことだ。

とうちゃんは、なかまたちをせきたてながら、

かあちゃんにかみついた鼻まがりめがけて、
きょうれつなしっぽのムチをはなった。
ビシーッ！
ムチは、みごとに相手のふとももに命中！
ギャーッ！
かあちゃんにかみついていた鼻まがりは、
ひめいをあげてころげ落ちた。それほど、
とうちゃんのしっぽのムチは強力だった。
すばやく立ちあがったかあちゃんを見て、
とうちゃんはすぐボスの役目にもどり、

なかまたちを追った。

ところが、とうちゃんのムチを食らってころがった鼻まがりは、うめき声をあげながらも、グアーッ！と、ほえ声とともにすぐにおきあがった。

そして、ふらふらとおきあがり、にげ出そうとするかあちゃんめがけて、ふたたびとびかかった。

鼻まがりは、たおしたかあちゃんを、片足でふんづけると、暗くとざされていく森の中で、顔を上にあげ、高らかな勝利の声をあげた。

なかまとにげていたとうちゃんは、遠く後ろにその声を聞いた。ギクッとしてふりかえった。後ろから来ていたはずのかあちゃんがいない！

その声はまた、鳥のコウシといっしょにいた、マメンチの耳にもとどいた。

マメンチの体はこおりついた。

「かあちゃーん！」

ふりしぼるようなマメンチの声が、かなしく森にこだました。

とべ！　あの空へ

「早くみんなのところへ、行かなきゃ」

マメンチは、気をとりなおしてつぶやいた。

「でも、もうあんたのなかまは、あの森にはいないわよ」

コウシは、気のどくそうにいった。

コウシのいうとおり、鼻まがりにおそわれたなかまが、同じ森の中にいるはずはない。

とうちゃんにひきいられたなかまたちは、夜がやって来な

いうちに、安全な場所をさがして移動していっただろう。

「さがしにいくよ、おれ」

「だめよ。もうすぐ暗くなるわ。さがせっこないでしょ」

そのとおりだ。夜になると、きょうりゅうたちは目が見えない。鼻まがりのようなやつはべつとして、みんなどこかでねなければならない。

「ここで、朝が来るまでねむるのよ。あしたになれば、あたしきっと、とべるようになるわ。そしたらいっしょに、あなたのなかまをさがしてあげる」

コウシは、マメンチにやさしくいった。

二ひきは、しげみの中で夜をあかした。マメンチは長い首としっぽをまるめて横になったけれど、なかなかねむれなかった。

コウシは、マメンチのうでの中で、まるくなってねた。

やがて、まばゆい太陽の光が、東の空にのぼると、あたりいちめん、明るい日ざしにつつまれた。

「朝だ！」

目をさましたマメンチはさけんだ。だが、うでの中にいたはずのコウシのすがたがない。マメンチは

あわてておきあがった。

チチチ……

どこかで、コウシの鳴き声がする。

「チチチ……おはよう、ずいぶんおそいお目ざめね」

その声にマメンチは、ひょいと首をあげて見た。

いた！　なんとコウシは、しげみの中にぽつんと立っている、ひょろ長い木の枝にとまっていた。

「あたしね、おかげで少しとべるようになったわ。ほらごらんなさい」

そういうとコウシは、ぱっとつばさをひろげ、マメンチめがけてとんできた。

そして、びっくりしているマメンチの頭に、みごとにまいおりた。

「おはよう、ごきげんいかが？　おねぼうさん」

コウシは、マメンチの顔をのぞきこみながらそういうと、ひょいと地面におり立った。

「さ、食事をすませて、なかまさがしに出発よ」

「そうだ！　とうちゃんたち、なかまを
さがさなきゃいけないんだ」
マメンチは、きのうの
できごとを思い出し、むねが
いたかった。だが、こうしては
いられない。いっこくも早く、
とうちゃんのところへ
行かなければ……。
二ひきはそれぞれ、朝の
食事をおなかいっぱいつめこんだ。

まいごの三びき組

「ね、マメンチ、いいこと。どこにどんなおそろしい敵がひそんでいるかしれないのよ。きのう、あんたたちのなかまをおそった鼻まがりだって、まだこのへんをうろついているかもしれない。だから、わたしがまず空からようすをうかがって、だいじょうぶとわかったら、あいずをするわ」

コウシはそういうと、空へ向けてとびたった。

やがて、林の上をとんでいたコウシは、そこからひょろひ

ょろと、たよりない足どりで出てきたきょうりゅうを見つけた。せなかにとがった板をのせた、草食きょうりゅうトウジャンゴサウルスの子どもだ。

かりにここでは「トウジャン」とよぶことにしよう。

コウシは、相手が肉食きょうりゅうでないことをたしかめると、その前におり立った。

とつぜん、まいおりてきた鳥を見て、トウジャンはくるりと後ろを向いてにげようとした。

「ちょっと待ってよ。あんたこのへんで、首が長くて
でっかい、きょうりゅうたちを見かけなかった？」
相手は立ちどまり、かなしそうな顔でいった。
「知らないよ、そんなの。ぼくだってまいごなんだ！」
「えーっ、あんたもまいご!?　わたしったら、
どうしてこう、まいごにばかりであうのかしら。
もっとも、わたしだってまいごだけど……。
それで、いつからまいごになったの？」
「とうちゃんやかあちゃんたちなかまが、
こわいやつにおそわれたんだ」

「こわいやつ？　まさかそいつ、鼻まがりじゃないでしょうね」

「そうだよ。きみ、よく知ってるね。おねがい！　ぼくをなかまのところへつれてって」

やれやれ、こまったぼうやにであったもんだ。

「あんた、わたしだってまいごなのよ。それにもう一ぴき、やっかいなまいごのぼうやもいっしょなの」

コウシは、ほっと、ため息まじりにいった。

「ま、いいや。まいご三びき組で、なかよくなかまさがしをしましょ。あんた、ここで、ちょっと待っててね。まいごの

マメンチくん、よんでくるから」
そういって、コウシはとび立っていった。

コウシは、マメンチをつれてきた。
マメンチを見たしゅんかん、トウジャンはさけんだ。
「あ、ぼく、きみのなかま知ってるよ！　ずっと
向こうの川のそばで、おおぜいで草を食べてた」
「まあ、さっきわたしがたずねたとき、あんた、
たしか、知らないっていってたでしょ」
コウシはあきれ顔で、ため息をついた。

「この子見たら、思い出したんだ」

「それで、それで……、そこ、ここから遠いの？」

それまでしょんぼりしていたマメンチは、きゅうに元気をとりもどした。

「ううん、そんなでもない」

「早く行こう、ぼく、なかまにあいたい」

マメンチは、はずんだ足どりで歩きだした。

「おねがい。ぼくのなかまもさがしてね！」

「まかしておけ、きっとあわせてやるさ」

ついさっきとはうってかわって、マメンチはちょうしよくこたえた。

「まあ、あきれた。ちょっと、いっときますけどね、わたしだってまいごなのよ。わすれないで」

コウシは、あきれたようにいうと、さっととびあがり、マメンチの頭にとまった。

「あんた、首が長いんだから、高くのばして歩きなさい。わたし、ちゃんとここから見はりしてあげるから」

やれやれ、頭の上にコウシをのせたマメンチを先頭に、まいご三びき組は、川をめざして歩きだした。

しばらく行くうち、コウシが大声をあげ、
マメンチの頭の上から、さっとまいあがった。
マメンチとトウジャンはびっくりして、
コウシのゆくてを見た。コウシがとんで
いく向こうに、まるで空いちめんを
おおうように、たくさんの鳥たちが
あらわれた。
「おかあさーん！」
コウシはとつぜんさけぶと、むれに
向かって、まっしぐらにとんでいった。

コウシとそのなかまたち

まいごのコウシをさがしていたなかまたちは、とんでくるコウシを見つけ、みんな大声で鳴きたてながら、コウシをむかえて、地上におりた。コウシはまっ先に、かあさん鳥にとびついた。

「あんた、こんなところで、なにしてたのよ！しんぱいしたわよ」

「ごめんね、かあさん。遊んでるとちゅう、

羽をいためてとべなくなり、ヘビに食べられそうになったの。
そこへマメンチが来て助けてくれたの。そうそう、
かんじんのマメンチたちをしょうかいしなきゃ。
いますぐ、ここへつれてくるね」
そういうとコウシは、また空へまいあがった。
鳥たちは、コウシといっしょにやって来た、
マメンチとトウジャンを見て、すぐに
まいごだとわかった。
「そういや、たしかこの子らのなかまを、
どっかで見たなあ」

「首長（マメンチサウルスのこと）のほうは、川のずっと上のほうに、そこからちょっと下に、背トゲ（トウジャンゴサウルスのこと）たちがいたよ」

「みんな、なにかにおびえたようすで、落ちつきがなく、おどおどした感じだったがね」

鳥たちは、口ぐちにそんなことをいった。

「まちがいないわ。ね、かあさん、おねがいだからこの子たちを、そのなかまのところへつれてってって」

「おやすいごようよ。それがすんだら、あんたはちゃんと、わたしたちと巣に帰るのよ。やくそくできる？」

コウシのかあちゃんは、ねんをおした。

「もちろんよ、かあさん」

鼻(はな)まがりをやっつけろ

コウシはマメンチの頭(あたま)にのり、鳥(とり)たちのあとを追(お)って川(かわ)をめざした。

川(かわ)ぎしに出(で)たところで、マメンチはきゅうにびっくりしたように立(た)ちどまった。

「どうしたの？」と、コウシ。

「たいへんだよ。ぼく、こわい！」

後ろから来たトウジャンも、おびえたように立ちすくんだ。その目は、足もとのすなの上にきざまれた、足あとにそそがれていた。

するどいカギづめのあともなまなましい、まちがいなく、でっかい肉食きょうりゅうのものだ。

コウシは、すなの上にまいおりると、足あとを注意ぶかく調べた。

「新しい足あとよ。ついさっき、後ろの

林から川へ水を飲みにやって来て、
またもどっていったらしい。……
とすると、そいつはいまごろ、
林にひそんでいるはずだわ。
あんたたち、ここをうごかないでね」
そういうとコウシは、空へ向けて
まっしぐらにとびあがった。
やがて、鳥たちがひきかえしてきた。
コウシと数羽の鳥が、足あとを追って林にはいった。
と、まぎれもなくそこに、あの鼻まがりがいた。

鼻まがりは草の上に横になり、
大きな腹をなみうたせながら、
ひるねのさいちゅうだ。
コウシと鳥たちは、木にとまり、
ひそひそとそうだんをはじめた。
やがてコウシはさっと、鼻まがりの
上にまいおりた。そして、横向きになった
鼻まがりの耳に顔を近づけると、大きな声で
どなりはじめた。
「やい、鼻まがりの死にそこないめ、バカのアホウの

トンチキやろう！」

ゆめからさめた鼻まがりは、うるさそうに顔をおこした。片目をかっと見ひらいたしゅんかん、三羽の鳥がいっせいにくちばしで、その片目に突進した。

だいじな片目をつぶされた鼻まがりは、ひめいとともにとびおきた。だが、かんじんの目をやられ、敵のすがたが見えない。

「ほれ、ほれ、こっち、こっち！」

鳥たちにはやしたてられて、声のほうへしゃにむにつっこんでいく。

川岸には、おおぜいの鳥と、マメンチや
トウジャンが待ちうけていた。
目をやられ、それでもあばれくるう
鼻まがりの、頭や顔や首やのどを、
鳥たちはいっせいにつつきまわした。

かあちゃんのかたきだ!!

勇気をふりしぼったマメンチは
しっぽのムチで、相手のすねをはたいた。
ひめいをあげてよろけたところを、
トウジャンのしっぽの剣がつきさした。

鼻まがりは、前のめりによろけ、川岸の石に足をとられて、そのまま川の中へザップーン！

鼻まがりはおよげない。ひっしにもがき、ぶくぶくとしずみながら、川下へと流れていった。

西の空が夕日をうけて、あかね色にそまるころ、川上からドスドスドスドス……マメンチサウルスのむれが、長い首をのばしてかけてきた。頭の上に鳥たちをのせながら……。

「あっ、とうちゃんだ！」

マメンチはとびあがり、かけだした。

そしてその後ろからは、トウジャンゴサウルスのむれもやって来た。やはり、せなかのとんがり板に、それぞれ鳥たちをとまらせている。

川岸に集合した三つのむれは、まいごの三びき組をとりまいて、いっせいによろこびの声をあげた。

「どうだい、みんな！　おれたちの子どもは、みんなすごいやつだろう！」

なぞとき マメンチサウルスのくらし

MAMENCHISAURUS

1954 C.C.Young
／China　20～35m

薬になったりゅうの骨

きょうりゅうの中で、もっとも首の長いマメンチサウルス「マメンチ」をはじめ、鳥の「コウシ」、剣りゅうの「トウジャン」たち、まいごの三びき組の、大かつやくものがたりは、いかがでしたか？

マメンチサウルスの骨がはじめて発見されたのは、一九六五年のことです。

ところは中国・四川省馬門渓。四川省の大

★…マメンチサウルスの化石が発見された場所

都市、重慶から揚子江にそっておよそ二〇〇キロはなれた、自動車道路の建設現場でした。作業員たちは、土の中から大きな骨がつながって出てきたのを見てびっくりしました。

「こりゃ、大むかしにいた、りゅうの骨にちがいない。だとすると、薬屋に持っていけば、高く売れる」

年とった作業員のおじさんが、そんなことをいいました。

「りゅう＝竜」というのは、中国ではすでに三〇〇〇年も大むかしから、絵や彫刻などに

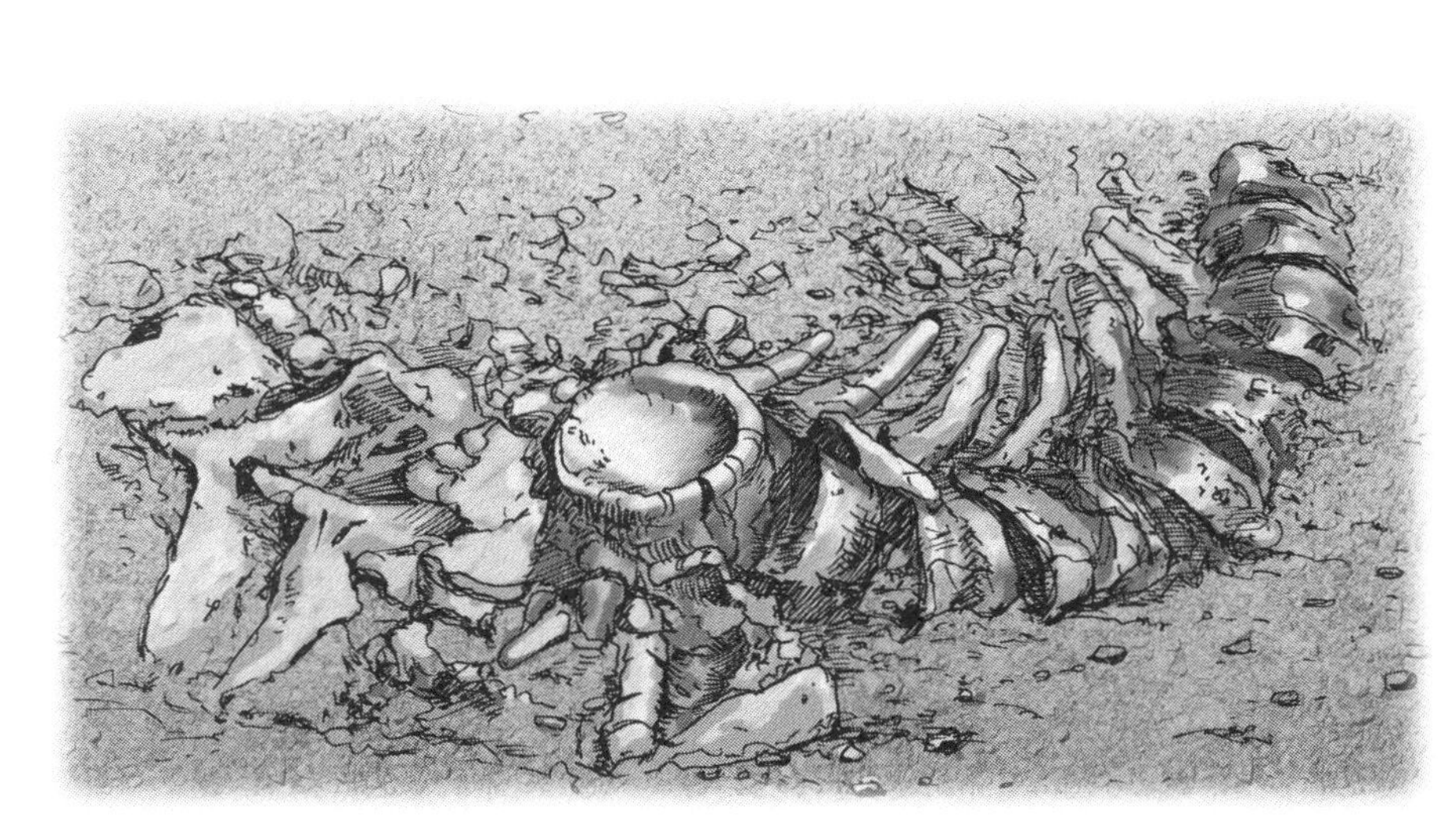

えがかれています。

巨大なヘビのかたちをしていて、全身ウロコにおおわれ、頭はトラで、二本のツノに長いあごヒゲがあり、四本の足にはするどいつめがありました。空にのぼって雲をよび、雨をふらせることもできました。

中国の古い書物に、こんなことが書かれています。

「玄武山という山から、りゅうの骨が出る。むかしの言いつたえによると、りゅうがその山から天にのぼろうとしたが、天の門がとざ

されてのぼれず、そのまま山で死んでしまった。その体は地中にうずまり、ずっとのちになって、人びとは骨をほり出して薬にした」

いまではもう、はっきりわかっていることですが、中国はアメリカやカナダとならんで、きょうりゅう王国とよばれるほど、たくさんのきょうりゅうの化石が、広い大陸のあちこちから発見されています。でも、きょうりゅうのことがよく知られていなかったむかし、骨の化石が見つかると、人びとは「りゅうこつ＝竜骨」とよび、あらゆる病気にきく薬と

竜の想像図

して、薬屋に売りました。

馬門渓の工事現場で発見された骨の化石を見て、作業員のおじさんが薬屋に持っていけば高く売れるといったのには、そんなわけがあったのです。

頭のない首長きょうりゅう

発見の知らせを聞いて、古生物学者で世界的なきょうりゅう研究家の楊博士たちが、すぐにかけつけました。

「おう、この背骨のようすからすると、ディプロドクスのような、草食の大型きょうりゅうにちがいない」

楊博士には、背骨の一部を見ただけですぐにわかりました。

ディプロドクスというのは、ジュラ紀後期（およそ一億五千万年前）の北アメリカにいた草食の大型きょうりゅうで、「二つの幹」という意味です。長い尾を地面の上でひきずるとき、血管がきずつかないように、尾の骨にたてにならんだささえの骨があることか

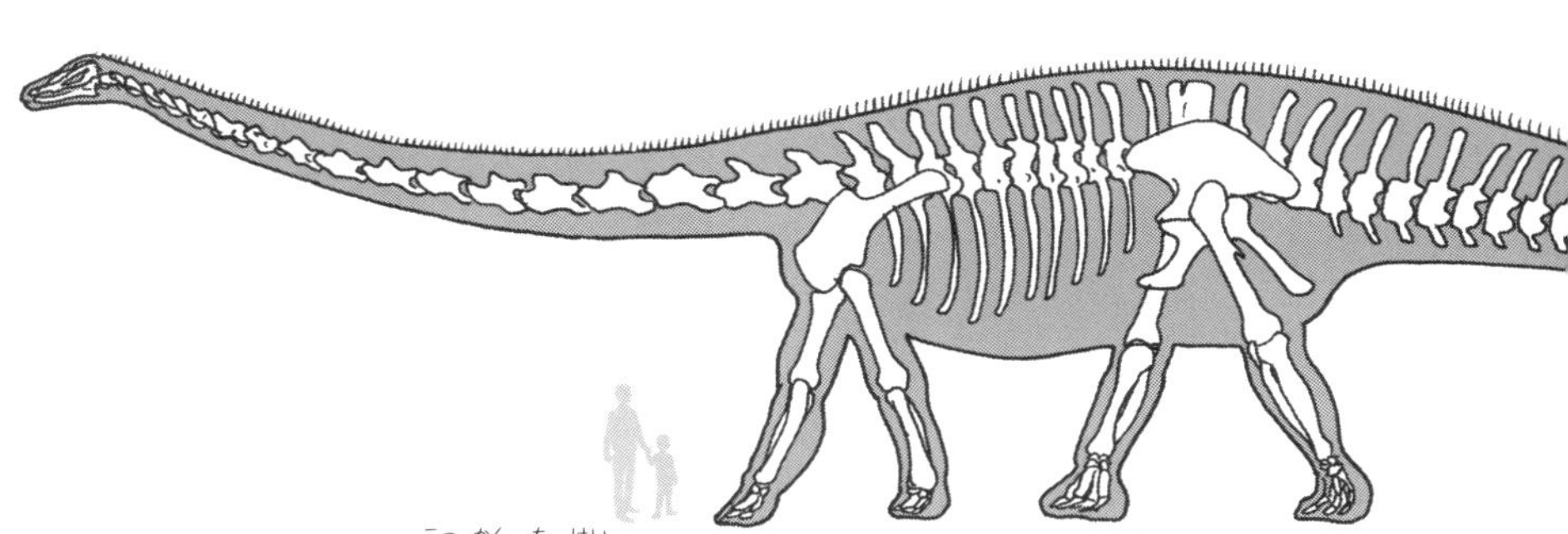

ディプロドクスの骨格模型

ら、そんな名まえがついたのです。

　全長二〇〜三五メートル。そのほとんどがヘビのような首と、ムチのような尾でしめられ、そのせいもあって、体長のわりには体重はかるく、一〇〜四〇トンほどでした。

　前足より長い後ろ足で体をささえ、馬のようなかたちの小さな頭を持ち、口には前だけにクギをならべたような歯がありました。

　長い首をのばして、木の葉をひきちぎって食べることができました。

　敵がおそってくると、ムチになったしなや

ナンヨウスギの葉を食べるディプロドクス

かな尾で、力いっぱいはたきつけたでしょう。

　馬門渓の工事現場から出てきた骨の化石を見て、ディプロドクスに似ていると直感した楊博士の指導のもとで、さっそく発掘がはじめられました。

　発掘は三か月かかりました。

　ほり出してみると、それは楊博士が予測したように、ディプロドクスに似た大型の草食きょうりゅうであることがわかりましたが、かんじんの頭骨が欠けていました。

　全長は二二メートルで、首の骨（頸椎）の

尾の先端は音の速さを超えたという説もあります

数は一九個。それをつなげた長さは一〇メートルもあり、なんと全身の半分に近い長さでした。

このとてつもなく、首の長いきょうりゅうは、発見地の馬門渓にちなんで「マメンチサウルス」と名づけられました。

そのあと、こんどは四川省重慶市からほど近い合川というところで、マメンチサウルスの化石が発見され、「合川マメンチサウルス」と名づけられました。

大きさも、馬門渓のものとほぼ似ており、

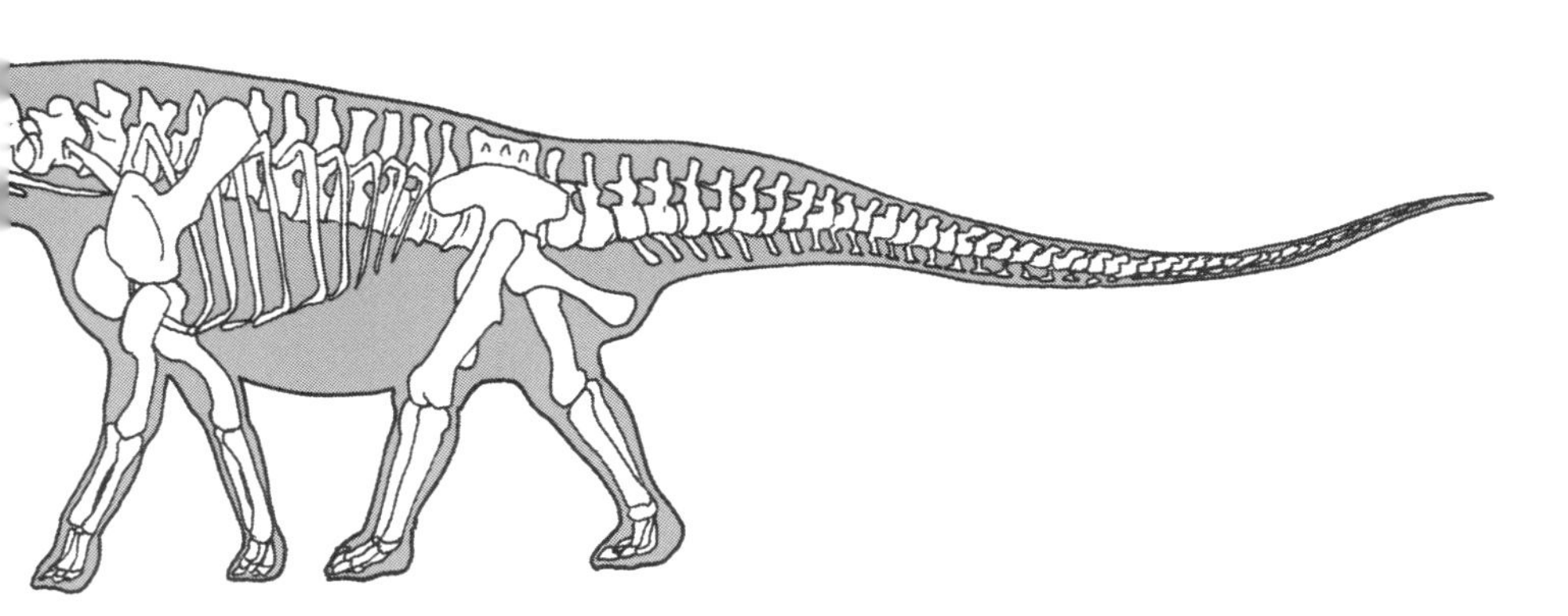

頭部も欠けていました。全体の体つきから見て、マメンチサウルスは、アメリカで発見されているディプロドクスのなかまだ、と楊博士たちは考えたのでした。

頭だけは欠けていましたが、体つきはとてもディプロドクスに似ており、首はディプロドクスより長く、尾もディプロドクスのように長くしなやかでした。

ところがそのあと、いがいな発見によって、そのほんとうのすがたが、あきらかになったのです。

首の長さは体の3倍もありました

マメンチサウルスの骨格模型

いがいだった頭骨の発見

一九九〇年代のはじめ、重慶博物館の調査隊は、四川省栄県というところで、マメンチサウルスの化石を見つけて発掘しました。

こんどは首の先端に、ほとんど完全な頭がついていました。

「あれっ!?　こりゃ、ディプロドクスなんかじゃないぞ」

ほり出された骨を見て、古生物学者たちは

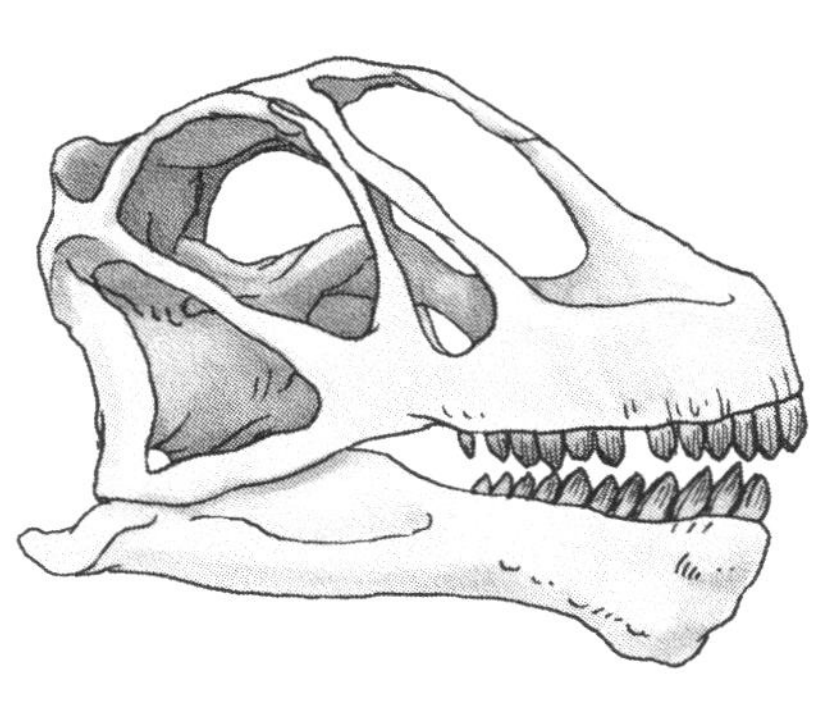

カマラサウルスの頭骨

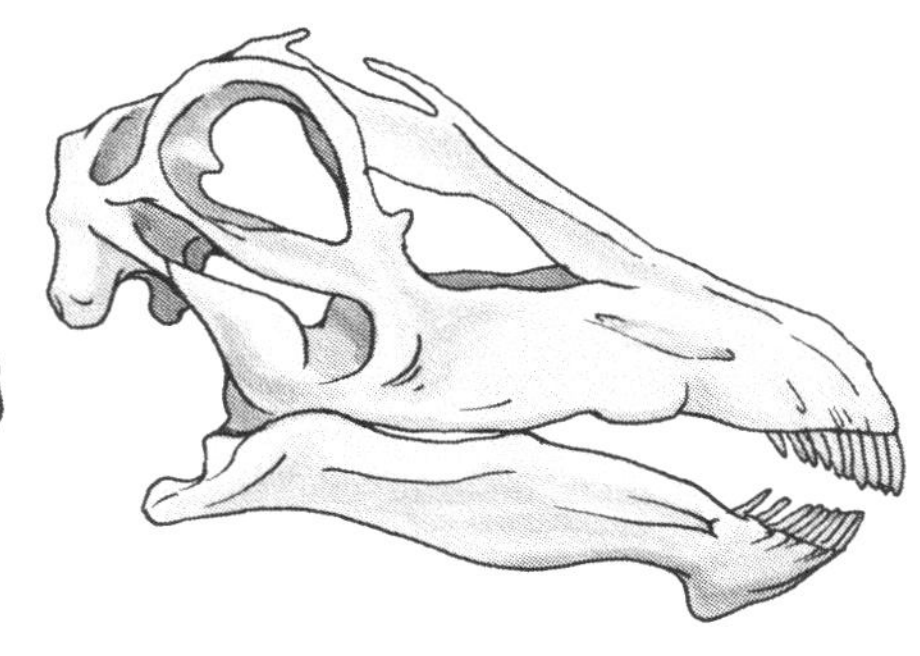

ディプロドクスの頭骨

さけびました。

その頭骨は、馬のようなかたちをしたディプロドクスとはちがい、みじかくて丸っこく、歯もクギ型ではなく、平らで厚いスプーンのようなかたちをしていました。しかも、前だけではなくアゴの両側にも生えていました。

頭骨だけ見ると、ディプロドクスよりもむしろ、同じアメリカで発見されている、大型草食きょうりゅうのカマラサウルスと似ていました。

そんなことからマメンチサウルスは、アジ

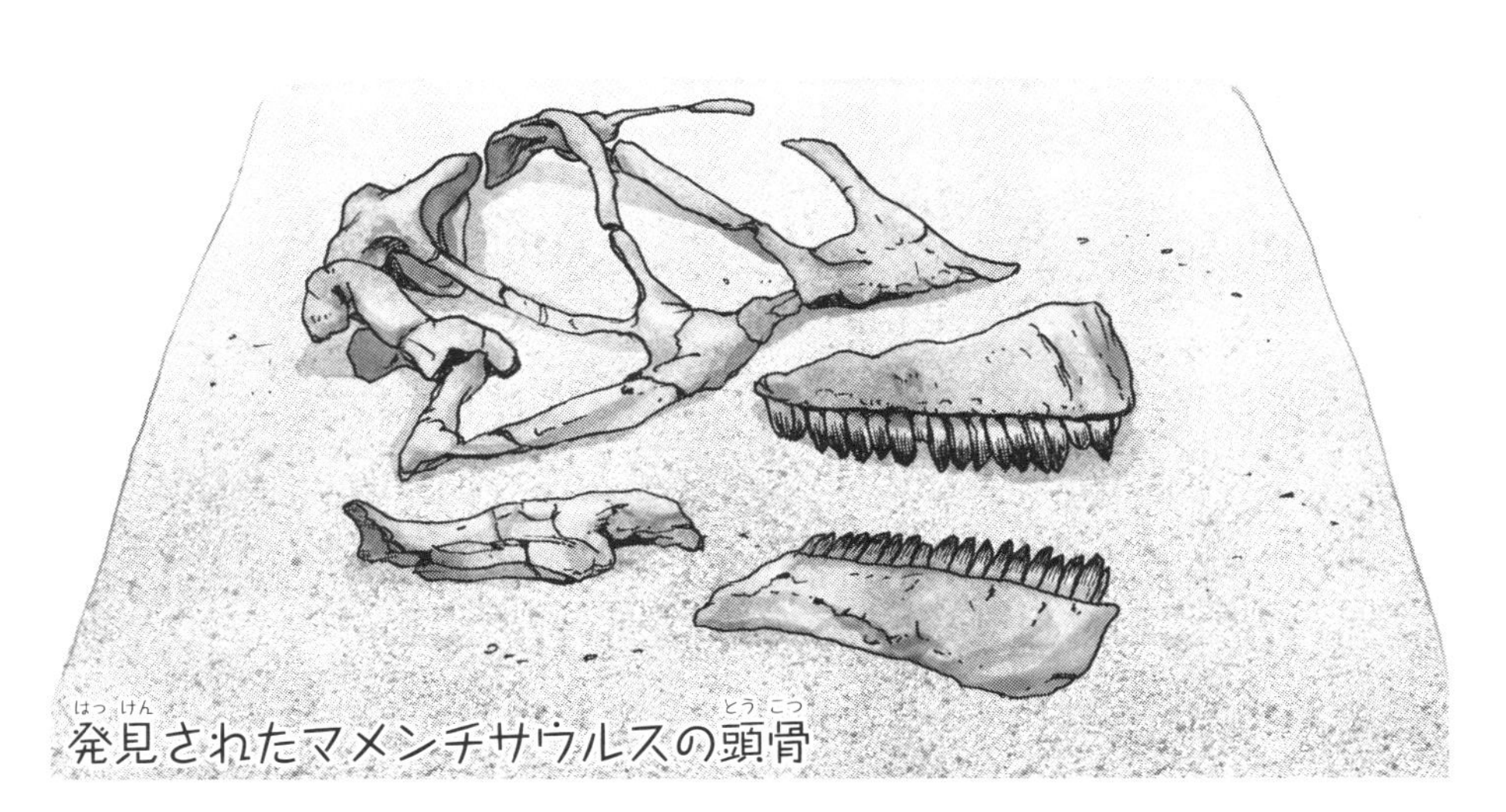
発見されたマメンチサウルスの頭骨

アだけにとくべつにいたきょうりゅうだということがあきらかになったのです。

マメンチサウルスの生活

マメンチサウルスたちがいた、一億六千万年前から一億四千万年前ごろ（ジュラ紀後期）は、地球上で、きょうりゅうがもっともさかえた時期でした。

ソテツやイチョウや、いろいろな針葉樹がゆたかにしげって、草を食べるきょうりゅう

たちにとっては、とてもくらしやすく、マメンチサウルスのような大型きょうりゅうが出現したのでした。

ところでマメンチサウルスの長い首は、いったいどんな役目をはたしたのでしょうか。はじめ古生物学者たちは、おそらくかれらは、大きな体をみずうみなどの水の中にしずめて、首を水にうかせ、水の浮力で重たい体をささえたのだろうと考えました。

そして、口を左右にふりながら、まるで草を刈るように、水生植物のやわらかい葉を食

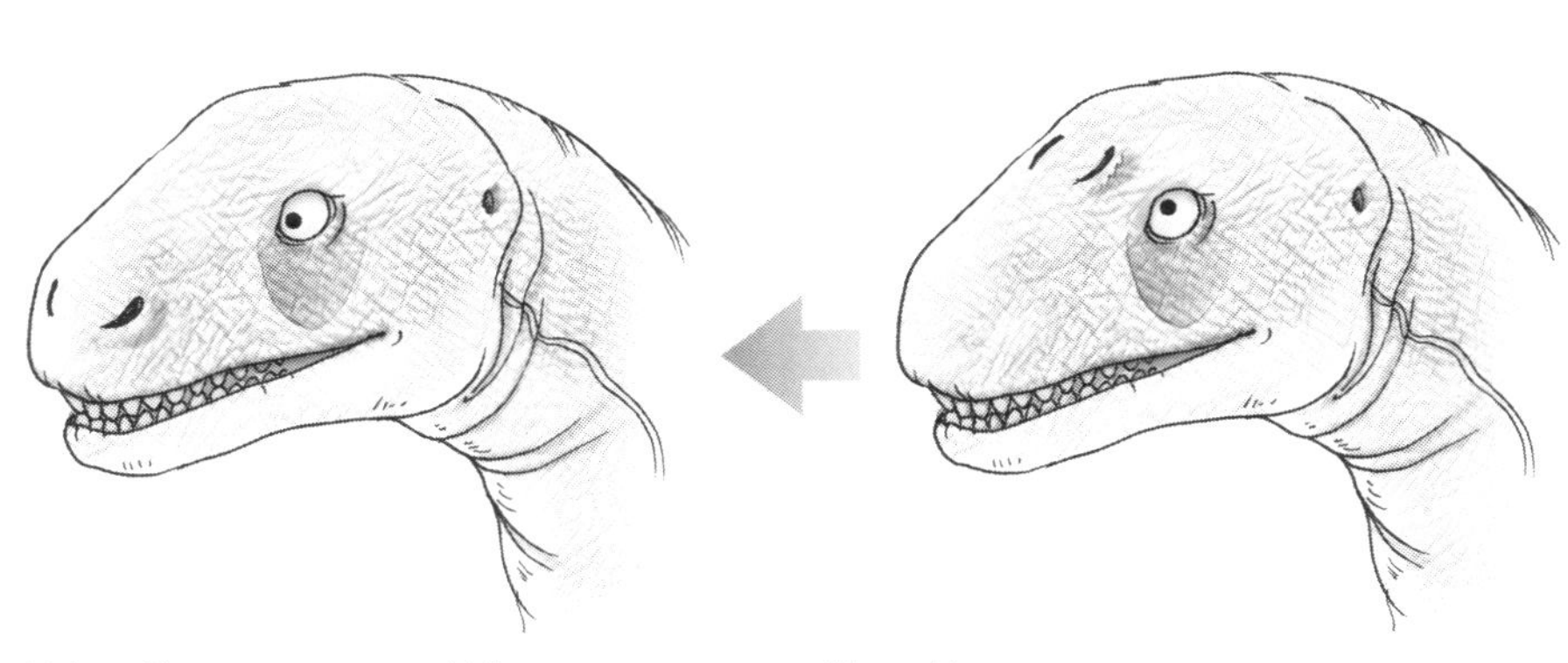

頭の上にあったと考えられていた鼻の穴は
今では普通に口の上にあったと考えられています

べたと思われていました。

ところが、研究が進むにつれて、多くの古生物学者たちのあいだから、その水中説に反対する考えが出てきました。

それはほぼ、つぎの三つの理由からです。

①マメンチサウルスは、スプーン型のとてもがんじょうな歯を持っていて、やわらかい水生植物よりも、もっとかたい木の葉や実を食べるのに適していたと思われる。

②マメンチサウルスの首は、一〇メートルもの長さがあるわりには、かるいつくりに

なっていて、首のある部分は、たまごのからのようにうすかった。しかもその長い首の骨をささえる骨がついており、首を上に持ちあげることは、やすやすとできた。

③マメンチサウルスの四本の足は、ゾウのようにがんじょうで、水の中で浮力をつけなくても、地上でじゅうぶん生活ができた。

そんなわけでマメンチサウルスは、陸上にすみ、高い木の枝に生えている若葉でも、首を高くのばして食べたのではないかと考えられてきました。

首としっぽは強力な
「じんたい」で
つり橋のように
支えられていました

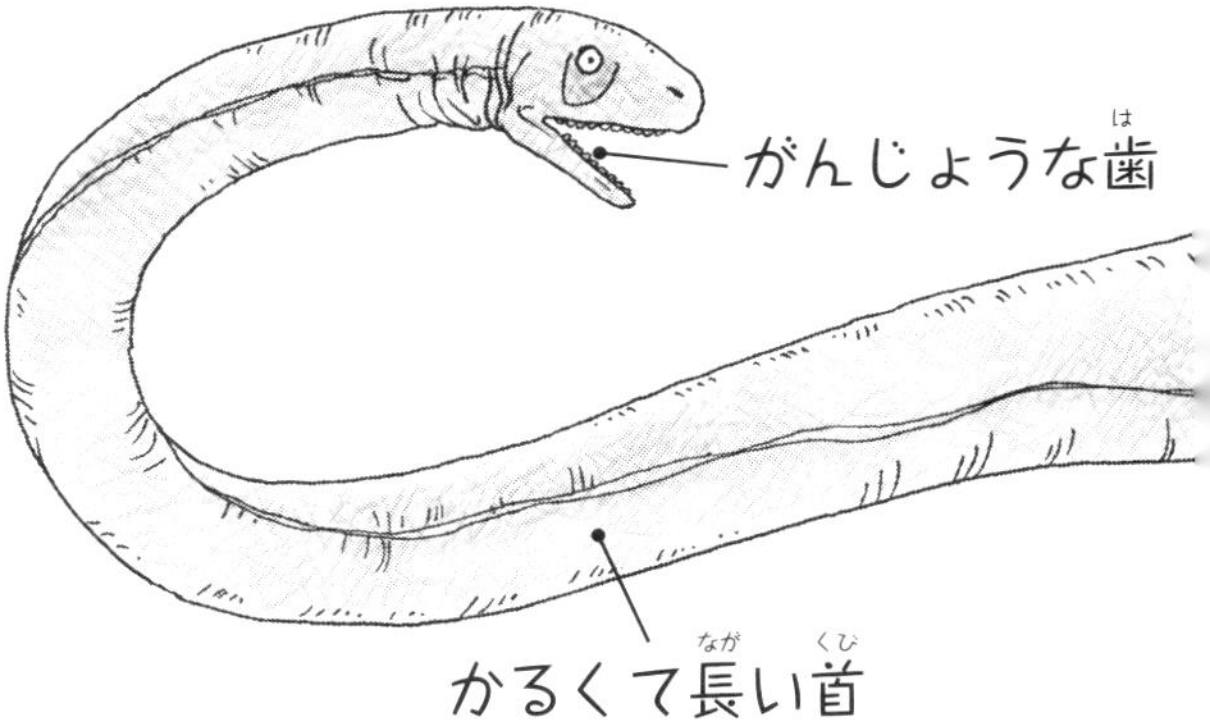

がんじょうな歯

かるくて長い首

陸上で生活できたマメンチサウルス

ところがその後の研究で、首の骨の構造からは、マメンチサウルスはそれほど頭を高く持ち上げられなかったことがわかり、長い首でも、高い木の葉を食べることはできなかっただろうといわれるようになりました。

しかし、長いしっぽの先は、まるでムチのようにしなやかで、肉食きょうりゅうなどにおそわれたときなど、このムチを使って身を守ったでしょう。

この本のものがたりの中にも、そんな場面がありましたね。

おそろしい殺し屋たち

ものがたりに登場した最大の殺し屋は、なんといっても〈鼻まがり〉こと、ヤンチュアノサウルスでした。

ものがたりのさいごでは、みごとにこのおそろしいならず者をやっつけましたね。

ヤンチュアノサウルスは、みなさんもよく知っている「アロサウルス」のなかまです。

アロサウルスについては、このシリーズの

ヤンチュアノサウルスの復元模型

中の『アロサウルス』にくわしく書いてあるとおり、〈ジュラ紀のトラ〉とおそれられた肉食きょうりゅうです。

そのアロサウルスが、アメリカをあらしまわっていたころ、中国には同じなかまのヤンチュアノサウルスがいました。

一九七六年、中国・四川省永川県というところで、ダム工事中に発見されました。全長約七メートル、頭骨も完全にのこっており、長さ七二センチ、高さ五〇センチの口からは、おそろしいキバをのぞかせていました。

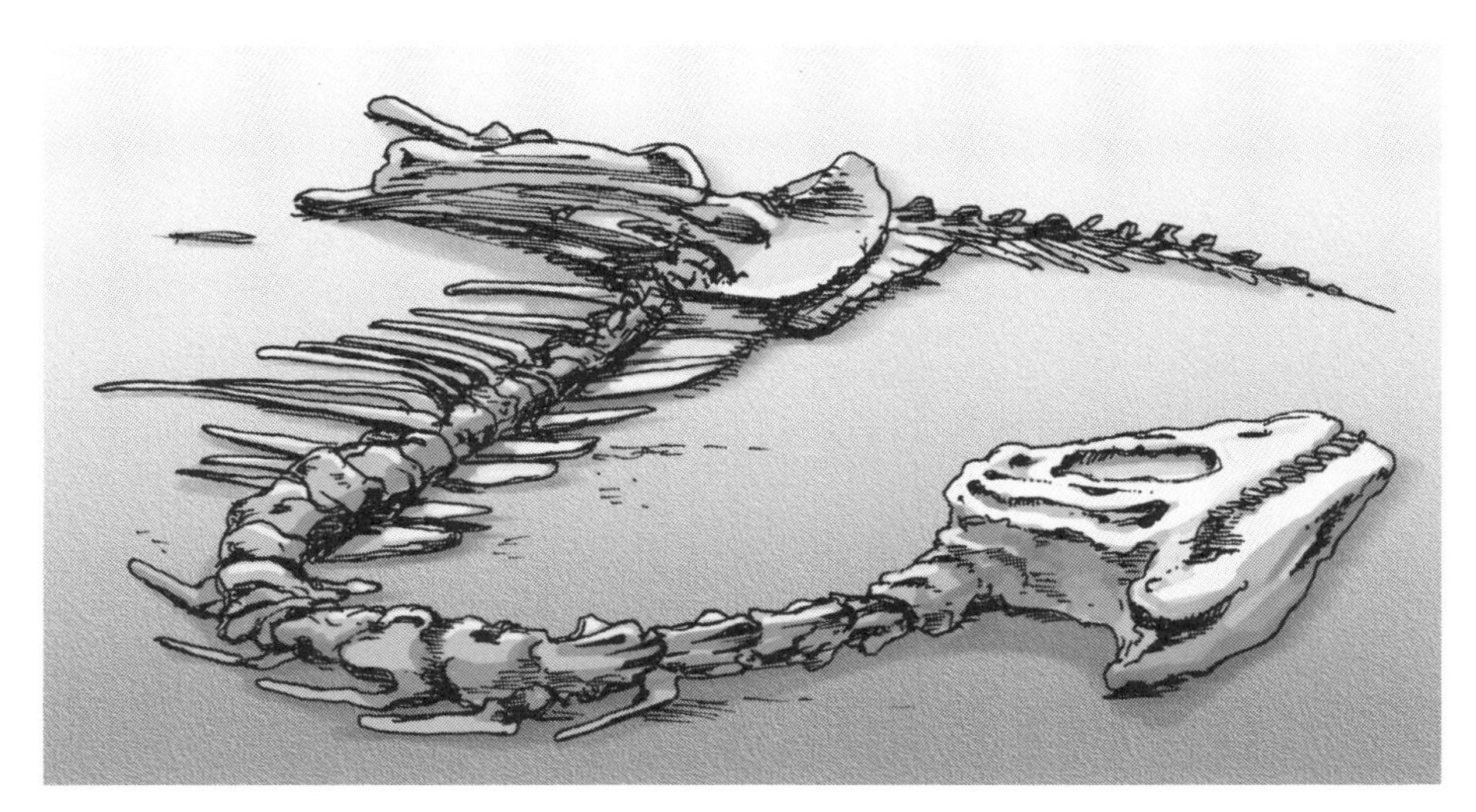

このあと、同じなかまの骨がつぎつぎに見つかり、体長九メートルのものもいました。マメンチサウルスなど、草食きょうりゅうたちにとっては、いのちをねらわれる、おそろしい相手だったのです。

剣りゅうトゥオジャンゴサウルス

この本のものがたりの中で、マメンチたちと力をあわせて〈鼻まがり〉をやっつけた、まいごの三びき組の一ぴきに、「トウジャン」

トゥオジャンゴサウルスの復元模型

こと、トゥオジャンゴサウルスがいます。
トゥオジャンゴサウルスは、北アメリカにいたステゴサウルスのなかまです。ステゴサウルスのなかまは剣りゅうとよばれ、背中にとがった骨板をつけています。
ステゴサウルスの骨板は幅が広く、しかも、たがいちがいに二列にならんでいます。しかし、トゥオジャンゴサウルスの骨板はとがっていて向きあい、二列にならんでいます。両肩にもとがった骨板があり、尾の先には、ステゴサウルスと同じ、四本のするどい剣のよ

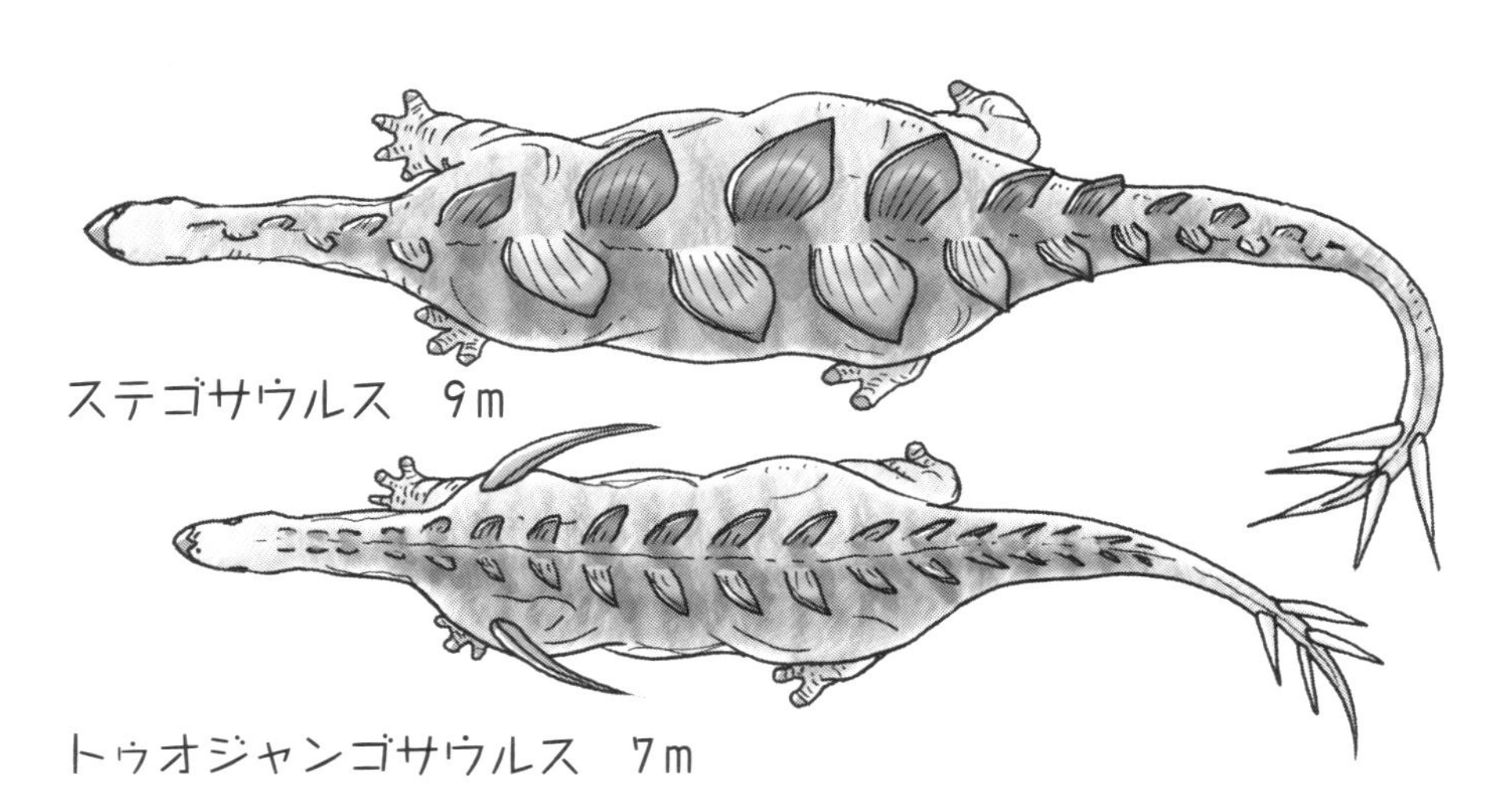
ステゴサウルス　9m
トゥオジャンゴサウルス　7m

うなトゲを持っていました。
いざというときに身を守る、だいじな武器でした。

孔子鳥の発見

ものがたりの中で大かつやくしたのが、三びき組のうちで、空をとぶ「コウシ」こと孔子鳥でした。

そのむかし中国にいた、とてもえらい学者「孔子」という人の名をとってつけられた、

孔子と孔子鳥

大むかしの鳥です。

きょうりゅうがいたころの鳥といえば、だれしも「始祖鳥」を思いうかべるでしょう。一八六一年、ドイツのバイエルン地方の石灰岩採石場で、羽毛のついたふしぎな化石が発見されました。

カラスほどの大きさで、羽毛の生えたつばさを持っていましたが、いまの鳥とちがって、くちばしには歯があり、つばさには三本のカギづめ、それに骨を持った尾がありました。

グライダーのように風にのってとぶことは

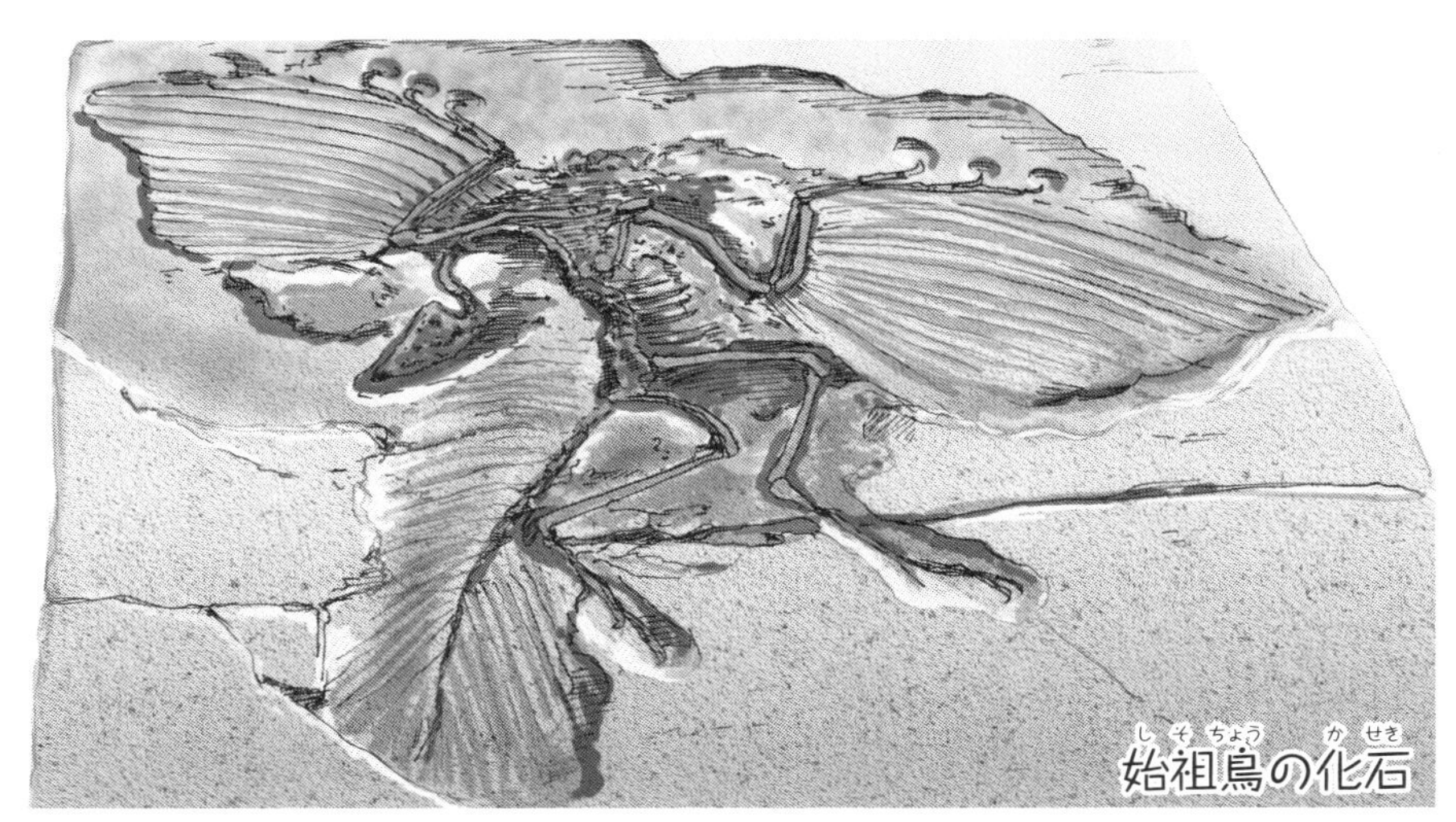

始祖鳥の化石

できても、鳥のように羽ばたいてとぶことはできなかっただろうと考えられていて、ギリシア語で「大むかしのつばさ」を意味する「アーケオプテリクス（始祖鳥）」と名づけられました。

その始祖鳥の祖先は、小さなは虫類だったという説や、きょうりゅうのなかまからわかれたという説などが登場しました。

つぎつぎと中国で発見された尾羽鳥、原始祖鳥、中華竜鳥、そして孔子鳥は、鳥が肉食の小型きょうりゅうから進化したことを、し

始祖鳥の復元模型

だいにあきらかにしていきました。

孔子鳥が発見されたのは、中国の四合屯というところです。

そこからは孔子鳥のほか、一億二千万年前の尾羽鳥や中華竜鳥、原始祖鳥などが発見されています。

発見地の四合屯は、もともと広いみずうみでしたが、ある日、はるか数百キロはなれた火山が大爆発をおこし、そこからふき出した火山ガスと火山灰のために、風下の動物や植物は、あっというまに死にたえました。

（左から）原始祖鳥、中華竜鳥、尾羽鳥の復元模型

もちろん、その中に孔子鳥もいました。鳥たちは火山灰とともにみずうみの底にしずみました。そして一億二千万年後、かつてみずうみの底だった岩の中から、化石となって発見されました。同じところから何百体もの化石が発見されています。

かざり羽をのぞくと、体長二〇センチほどの大きさです。

この鳥の大きな特徴は、つばさにある始祖鳥に似た長い指と、するどいカギづめです。始祖鳥は歯の生えた口を持っていましたが、

孔子鳥の化石（上がメス、下がオス）

孔子鳥に歯はなく、とがったくちばしでした。

この鳥を研究した中国の科学者、侯先生はつぎのように書いています。

「孔子鳥は、わたしたちが知るかぎり、自由に空をとべた、もっとも古い鳥だ。つばさは始祖鳥のように原始的でも、いまの鳥と同じような、かるい骨とみじかい尾を持っていた」

孔子鳥の体の骨は、いまの鳥と同じように、中が空になっていて、重い歯のついたアゴはなく、かるいくちばしでした。

きょうりゅう化石の宝庫

これまで、この本のものがたりに登場した、まいごの三びき組のきょうりゅうたちについてお話しましたが、中国からは、このほかに、たくさんのめずらしいきょうりゅうたちが見つかっています。

そのいくつかをしょうかいしましょう。

マメンチサウルスやヤンチュアノサウルスが生きていた、一億六千万年前から一億四千

中国で見つかったきょうりゅうたち

1億8千万年前
1億6千万年前
1億4千万年前
1億年前

ジュラ紀中期	オメイサウルス ガソサウルス ファヤンゴサウルス
ジュラ紀後期	マメンチサウルス ヤンチュアノサウルス トゥオジャンゴサウルス
白亜紀	ヌーロサウルス ウエルホサウルス プシッタコサウルス ズンガリプテルス

万年前（ジュラ紀後期）は、きょうりゅうがもっともさかえた時期でした。

しかし、とつぜんにそうなったわけではありません。

その前の時代（ジュラ紀中期＝一億八千万年前～一億六千万年前）に、すでにオメイサウルスとよばれる大型の草食きょうりゅうがいました。ガソサウルスという、おそろしい肉食のきょうりゅうもいましたし、剣りゅうのなかまでは、ファヤンゴサウルスがいました。

きょうりゅうたちが発見された場所

ズンガリプテルス
ウエルホサウルス
プシッタコサウルス
ヌーロサウルス
四川省
ガソサウルス
ファヤンゴサウルス
オメイサウルス
トゥオジャンゴサウルス
ヤンチュアノサウルス
マメンチサウルス

中国の四川盆地は、ジュラ紀中期には広くゆたかな陸地がひろがり、大きなみずうみもありました。現在の四川省自貢市一帯からは、そのころのきょうりゅうの化石がたくさん発見され、世界じゅうに知れわたりました。

オメイサウルスは、のちの時代のマメンチサウルスにつながる、大型の草食きょうりゅうで、全長二〇メートルです。全身の半分に近い長い首は、一七個の首の骨（頸骨）でつながっていました。

生きていたときの体重は、およそ四〇トン

しっぽの先が骨のコブになっていて、
肉食きょうりゅうから身を守っていた
という説があります

オメイサウルスの復元模型

と推定されており、その重い体をがんじょうな前後の足でささえました。
前足の一本と、後ろ足の三本の指には、すべりどめのカギづめを持っていました。おそらく、みずうみのほとりの植物を食べていたのではないでしょうか。

しかし、そのオメイサウルスも、のんびりと草を食べてばかりはいられませんでした。かれらをねらう、おそろしい肉食きょうりゅうがいたからです。その名はガソサウルス。
ガソサウルスは、フクイラプトルのなかま

ガソサウルスの復元模型

で、全長四メートルほどの小型肉食きょうりゅうです。頭骨はかるく、するどいナイフ型の歯で、えものの肉を切りさきました。前足にもカギづめがあり、太くて大きな後ろ足で体をささえ、速いスピードでえものを追っかけました。

ファヤンゴサウルスは、剣りゅうのなかまですが、のちの時代のトゥオジャンゴサウルスより小さく、全長約四メートル、前あごには五、六本の歯がありました。

このように、ジュラ紀の中ごろにはすでに、

ステゴサウルスのなかまでは
いちばん小さなきょうりゅうです

ファヤンゴサウルスの復元模型

のちの時代のきょうりゅうたちの祖先にあたるきょうりゅうがいたことがわかります。

いま、その発掘現場には自貢恐竜博物館が建てられ、館内で発掘のようすを見ることができるようになっています。

のちの時代のきょうりゅうたち

さてこんどは、マメンチサウルスがさかえたあとの時代を見ていきましょう。

一億四千万年前から一億年前の白亜紀の時

自貢恐竜博物館

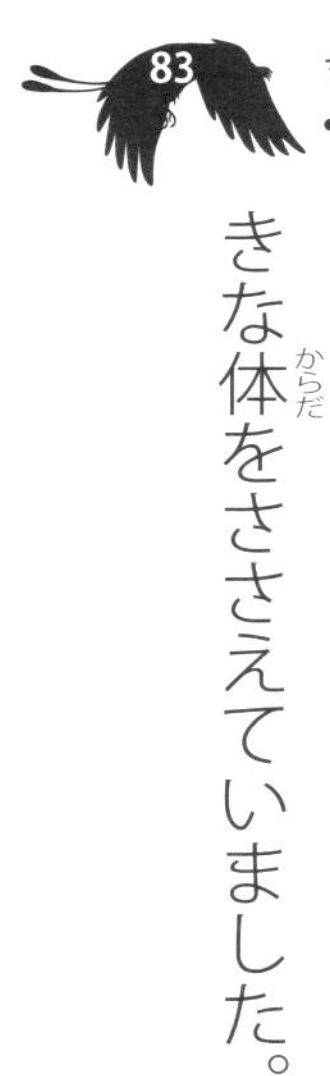

代、中国北部からモンゴルにかけては、大きな平野がひろがり、きょうりゅうたちにとっては、とてもすみよいところでした。

シダ、ソテツ、トクサ、イチョウなどがしげり、みずうみや川にもさまざまな生き物たちがいました。

ヌーロサウルスは、そのころいた大型の草食きょうりゅうです。全長二五メートルもあり、首はマメンチサウルスのように長くはありませんでしたが、がっちりとした両足で大きな体をささえていました。

ヌーロサウルスの復元模型

また、剣りゅうのなかまには、ウエルホサウルスがいました。

全長は七メートルほどの大きさですが、背の骨板がトゥオジャンゴサウルスのようにとがっていたかどうかは、わかっていません。

この時代、北アメリカではすでに、ステゴサウルスなど剣りゅうのなかまは、すっかりほろんでしまっていました。

一方このころ、オウムのようなくちばしを持った、角りゅうのなかまのプシッタコサウルス（オウムトカゲ）が登場します。頭のか

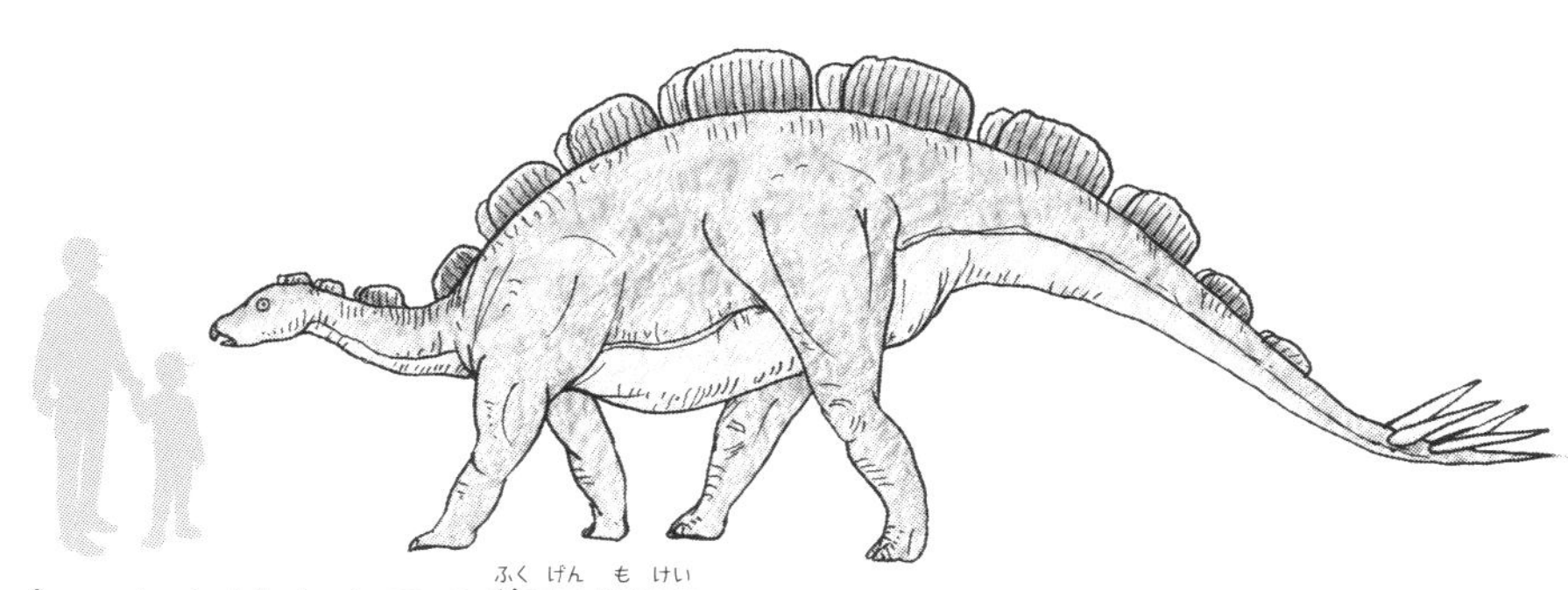

ウエルホサウルスの復元模型

たちが、コンゴウインコなどのオウムの頭とよく似ていることから名づけられました。

体長二メートルほどで、長いうでにはものをつかむ四本の指があり、尾はみじかく、オウムのように、くちばしと歯を使って、かたい木の実もかみくだくことができただろうといわれています。

ではさいごに、翼りゅうのズンガリプテルスをしょうかいしておきましょう。

ズンガリプテルスのつばさは、のばすと三〜三・五メートルほど。やや上にそった、

プシッタコサウルスの復元模型

とがったくちばしのおくに歯らしいものがあり、頭のまん中にトサカをつけていました。

おそらく、みずうみのほとりにむれをつくってすみ、くちばしでじょうずに貝や魚をとって食べていたのでしょう。

これからも、広いさばくを持つ中国では、こうした白亜紀の生き物だけでなく、わたしたちがびっくりするような、たくさんのきょうりゅうが発見されることでしょう。期待して待つことにいたしましょう。

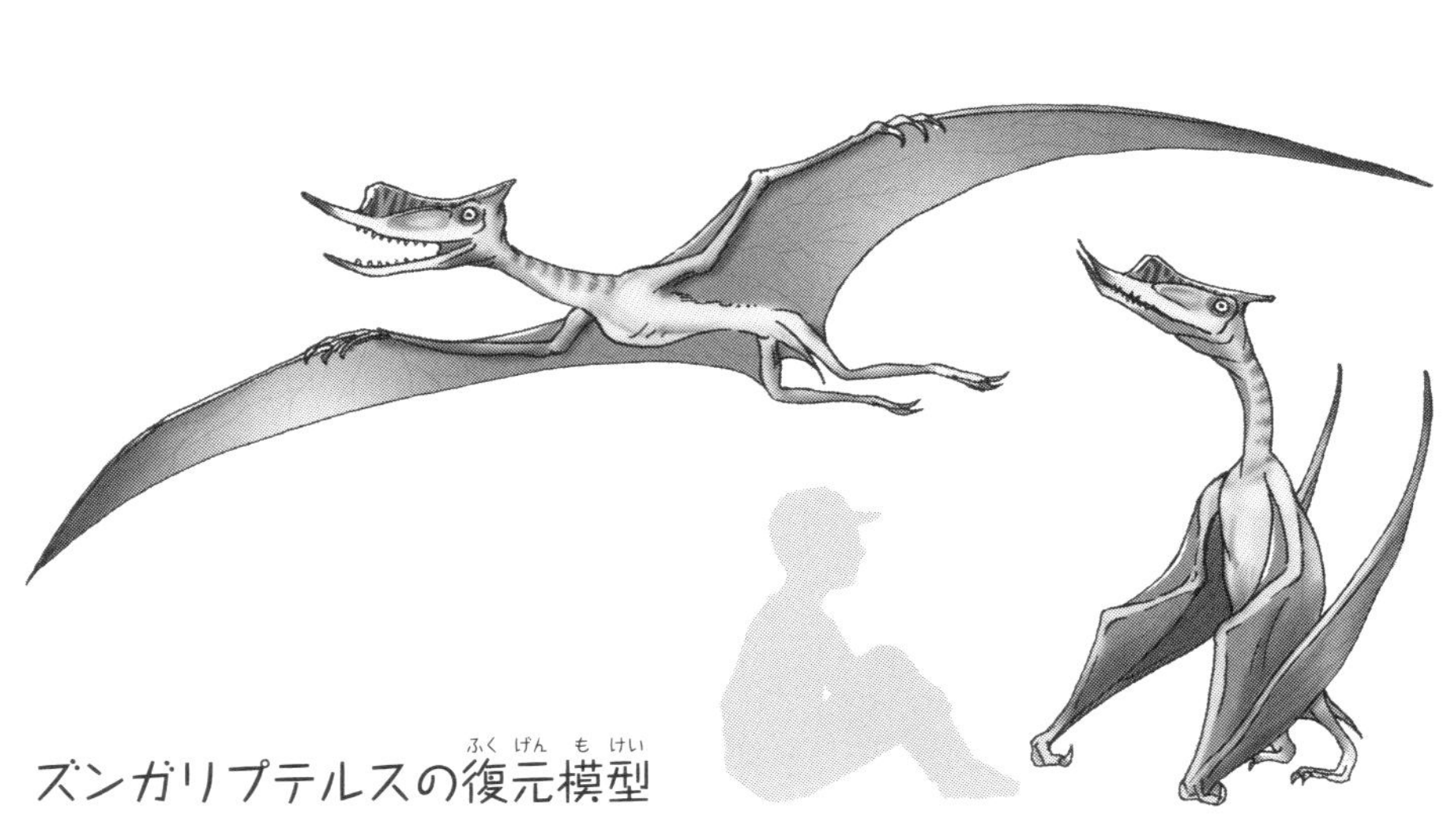
ズンガリプテルスの復元模型

たかしよいち

1928年熊本県生まれ。児童文学作家。壮大なスケールの冒険物語、考古学への心おどる案内の書など多くの作品がある。主な著作に『埋ずもれた日本』(日本児童文学者協会賞)、『竜のいる島』(サンケイ児童図書出版文化賞・国際アンデルセン賞優良作品)、『狩人タロの冒険』などのほか、漫画の原作として「まんが化石動物記」シリーズ、「まんが世界ふしぎ物語」シリーズなどがある。

中山けーしょー

1962年東京都生まれ。本の挿絵やゲームのイラストレーションを手がける。主な作品に、小前亮の「三国志」シリーズ、「逆転!痛快!日本の合戦」シリーズなどがある。現在は、岐阜県在住。

◇本書は、2001年4月に刊行された「まんがなぞとき恐竜大行進5 やさしいぞ! マメンチサウルス」を、最新情報にもとづき改稿し、新しいイラストレーションによってリニューアルしました。

新版なぞとき恐竜大行進

マメンチサウルス 中国にいた最大級の草食竜

2015年12月初版
2021年 9 月第3刷発行

文　たかしよいち

絵　中山けーしょー

発行者　内田克幸

発行所　株式会社理論社
〒101-0062 東京都千代田区神田駿河台 2-5
電話［営業］03-6264-8890［編集］03-6264-8891
URL https://www.rironsha.com

企画 ………… 山村光司

編集・制作 … 大石好文

デザイン …… 新川春男（市川事務所）

組版 ………… アズワン

印刷・製本 … 中央精版印刷

制作協力 …… 小宮山民人

©2015 Taro Takashi, Keisyo Nakayama Printed in Japan

ISBN978-4-652-20098-8 NDC457 A5変型判 21cm 86P

落丁・乱丁本は送料小社負担にてお取り替え致します。
本書の無断複製（コピー、スキャン、デジタル化等）は著作権法の例外を除き禁じられています。私的利用を目的とする場合でも、代行業者等の第三者に依頼してスキャンやデジタル化することは認められておりません。

遠いとおい大昔、およそ１億６千万年にもわたって
たくさんの恐竜たちが生きていた時代——。
かれらはそのころ、なにを食べ、どんなくらしをし、
どのように子を育て、たたかいながら……
長い世紀を生きのびたのでしょう。
恐竜なんでも博士・たかしよいち先生が、
新発見のデータをもとに痛快にえがく
「なぞとき恐竜大行進」シリーズが、
新版になって、ゾクゾク登場!!

第Ⅰ期 全5巻

- ①フクイリュウ　福井で発見された草食竜
- ②アロサウルス　あばれんぼうの大型肉食獣
- ③ティラノサウルス　史上最強！恐竜の王者
- ④マイアサウラ　子育てをした草食竜
- ⑤マメンチサウルス　中国にいた最大級の草食竜

第Ⅱ期 全5巻

- ⑥アルゼンチノサウルス　これが超巨大竜だ！
- ⑦ステゴサウルス　背びれがじまんの剣竜
- ⑧アパトサウルス　ムチの尾をもつカミナリ竜
- ⑨メガロサウルス　世界で初めて見つかった肉食獣
- ⑩パキケファロサウルス　石頭と速い足でたたかえ！

第Ⅲ期 全5巻

- ⑪アンキロサウルス　よろいをつけた恐竜
- ⑫パラサウロロフス　なぞのトサカをもつ恐竜
- ⑬オルニトミムス　ダチョウの足をもつ羽毛恐竜
- ⑭プテラノドン　空を飛べ！巨大翼竜
- ⑮フタバスズキリュウ　日本の海にいた首長竜